INVENTAIRE
26,936

AF586201

MÉMOIRE

SUR LES ALTÉRATIONS FRAUDULEUSES

DE LA

GARANCE

ET DE SES DÉRIVÉS

CONTENANT

UN PROCÉDÉ USUEL PROPRE A LES RECONNAITRE

PAR **M. D. FABRE JEUNE**, DE MONTEUX (VAUCLUSE)

PHARMACIEN CHIMISTE A ARLES

Membre et Lauréat de l'Académie Nationale de Paris, L'un des trois Lauréats du Concours de la Chambre de Commerce d'Avignon, ex-Directeur-Chimiste de Fabriques de Garancine en France et en Espagne.

Ouvrage qui a obtenu une MÉDAILLE D'HONNEUR de 2me classe (MÉDAILLE D'ARGENT) au concours annuel de l'Académie Nationale, en 1859, et une *Mention honorable*, avec une *somme* de 500 fr. au concours ouvert, le 20 Décembre 1858, par la Chambre de Commerce d'Avignon, et clôturé le 25 Février 1860.

Je n'ai pas la prétention d'innover, mais seulement d'indiquer et de décrire un procédé qui découle des Théories Chimiques.

AVIGNON

IMPRIMERIE D'AMÉDÉE CHAILLOT

PLACE DU CHANGE 5

1860.

2 1/2 / 6

MÉMOIRE

SUR LES ALTÉRATIONS FRAUDULEUSES

DE LA GARANCE

AVIS IMPORTANT.

Les formalités voulues par la loi ont été remplies.

Tout exemplaire de cet ouvrage non revêtu de la signature de l'auteur, sera réputé contrefait.

L'auteur se réserve le droit de reproduction et de traduction à l'étranger.

MÉMOIRE

SUR LES ALTÉRATIONS FRAUDULEUSES

DE LA

GARANCE

ET DE SES DÉRIVÉS

CONTENANT

UN PROCÉDÉ USUEL PROPRE A LES RECONNAITRE

PAR **M. D. FABRE JEUNE**, DE MONTEUX (VAUCLUSE)

PHARMACIEN CHIMISTE A ARLES

Membre et Lauréat de l'Académie Nationale de Paris, L'un des trois Lauréats du Concours de la Chambre de Commerce d'Avignon, ex-Directeur-Chimiste de Fabriques de Garancine en France et en Espagne.

Ouvrage qui a obtenu une MÉDAILLE D'HONNEUR de 2me classe (MÉDAILLE D'ARGENT) au concours annuel de l'Académie Nationale, en 1859, et une *Mention honorable*, avec une *somme* de 500 fr. au concours ouvert, le 20 Décembre 1858, par la Chambre de Commerce d'Avignon, et clôturé le 25 Février 1860.

Je n'ai pas la prétention d'innover, mais seulement d'indiquer et de décrire un procédé qui découle des Théories Chimiques.

AVIGNON

IMPRIMERIE D'AMÉDÉE CHAILLOT

PLACE DU CHANGE 5

1860.

A MONSIEUR

P. A. FAVRE

ANCIEN ÉLÈVE DE L'ÉCOLE POLYTECHNIQUE
PROFESSEUR DE CHIMIE
A LA FACULTÉ DES SCIENCES ET A L'ÉCOLE PRÉPARATOIRE
DE MÉDECINE ET DE PHARMACIE DE MARSEILLE,
CHEVALIER DE L'ORDRE IMPÉRIAL DE LA LÉGION D'HONNEUR:

TÉMOIGNAGE

DU SINCÈRE ATTACHEMENT
ET DE
LA VIVE GRATITUDE
D'UN DE SES PLUS DÉVOUÉS
ET RESPECTUEUX ÉLÈVES

D. FABRE Jeune.

EXTRAIT DU JOURNAL DES TRAVAUX
DE
L'ACADÉMIE NATIONALE
AGRICOLE, MANUFACTURIÈRE ET COMMERCIALE.
ADMINISTRATION : RUE LOUIS-LE-GRAND, 21.

SUR LES ALTÉRATIONS
DE LA GARANCE.

MÉMOIRE CONTENANT UN PROCÉDÉ

Propre à constater les altérations frauduleuses de la Garance et de ses dérivés

DE

M. D. FABRE (DE MONTEUX—VAUCLUSE)
Pharmacien-Chimiste à Arles-sur-Rhône, Membre de l'Académie Nationale.

RAPPORT

fait au nom du Comité des Arts et Manufactures

par M. TH. DELBETZ, MEMBRE DE L'ACADÉMIE NATIONALE.

De toutes les substances tinctoriales, aucune n'a été l'objet de plus d'altérations frauduleuses que la Garance et les principes tinctoriaux qui en dérivent, tels que la Garancine. La forme pulvérulente sous laquelle le commerce livre à l'industrie de la teinture cette précieuse racine, la grande consommation qui s'en fait chaque année, son prix toujours élevé, ont excité au plus haut degré l'ardeur de la sophistication. Les fraudeurs ont débuté par mêler à la Garance pulvérisée de la brique pilée, de l'ocre, des sables et de l'argile jaunâtres ; mais cette fraude grossière n'a pas tardé à être découverte. Les moyens de constater ces mélanges coupables sont par trop faciles pour que l'esprit ingénieux des négociants déshonnêtes s'en soit tenu à ces inhabiles manœuvres que décelait une simple lévigation. L'attention des voleurs s'est alors portée sur des substances à bas prix, de nature végétale et d'une densité à peu près égale à celle de la poudre qu'il s'agissait de falsifier, et le bois de Campêche, de Santal rouge, de Brésil ou de Fernambouc, de Sapan, de Fustet, etc., réduits en poudre, ont fourni la base de la fraude nouvelle. Devant ces mélanges coupables, la science demeurait impuissante de l'aveu des chimistes même les plus éclairés sur ces matières. Par des essais comparatifs de teinture avec une Garance, de la pureté de laquelle ils étaient certains, les teinturiers pouvaient bien constater que celle qu'on leur présentait devait être impure, que la couleur qu'elle donnait au tissu n'était pas franche ; mais il n'y avait aucun moyen pour eux de qualifier le mélange, de déterminer la nature de la substance ou des substances mélangées frauduleusement à la poudre de Garance. Les observations au microscope n'en disaient pas plus que les essais chimiques, à cause de la pulvérisation parfaite des bois mélangés. Tout se réduisait à déterminer expérimentalement la valeur tinctoriale de la poudre de Garance offerte sur le marché, et les tribunaux ne pouvaient sévir contre le vol habilement calculé des vendeurs.

En présence de ces faits regrettables, notre honorable collègue M. Fabre, a essayé de déjouer l'habileté des fraudeurs en enrichissant la chimie industrielle d'un nouveau et précieux moyen d'investigation.

Nous allons faire connaître le procédé proposé par notre collègue, en lui en laissant, bien entendu, tout le mérite et toute la responsabilité.

Ce procédé s'applique à la Fleur de Garance et à la Garancine aussi bien qu'à la poudre de Garance. (1)

Le tableau indicatif, dressé avec le plus grand soin par notre collègue, devrait avoir ici sa place ; mais ce tableau, extrêmement étendu, ne peut se prêter au format de nos comptes rendus ; le scinder serait le détruire ; nous le conservons dans nos archives, à la disposition de tous ceux qui voudront le consulter ou le copier. D'ailleurs M. Fabre se doit à lui-même de le livrer à la publicité, et nous sommes convaincus qu'il le fera. On peut préparer soi-même les réactifs indiqués dans ce tableau ; mais ce qu'il y a de mieux à faire, à notre avis, est de les prendre très-purs chez un bon fabricant de produits chimiques. Tout teinturier employant la Garance ou ses dérivés devrait avoir une boîte de ces réactifs.

(1) Suit l'explication pratique du procédé de M. Fabre.

L'analyse indiquée par M. Fabre est une analyse qualitative. Nous la croyons très-suffisante. Notre collègue dit, dans son mémoire, qu'il sera facile aux manipulateurs qui le désireront de procéder ensuite à une analyse quantitative. Sur ce point, nous ne sommes pas de son avis. Il faut, pour une analyse quantitative, que la substance que l'on veut doser se sépare nettement ou entre dans une combinaison parfaitement définie et formulée. Or, nous ne pensons pas que tous les précipités obtenus dans les réactions indiquées au tableau présentent encore ce caractère. Le mémoire de M. Fabre est muet à cet égard comme les traités spéciaux des chimistes. Nous n'avons pu vérifier les réactions du tableau qu'a dressé cet honorable collègue, mais si elles sont toutes réellement nettes et spéciales comme il l'affirme et comme nous reconnaissons que le sont un certain nombre d'entre elles, il a rendu à l'industrie Garancière un service de la plus haute importance et qui mérite les plus légitimes encouragements, tant du gouvernement que des sociétés savantes.

Dans sa séance générale annuelle tenue le 26 Janvier 1860 à l'hôtel-de-ville de Paris, l'Académie Nationale, sur le vu du rapport qui précède, et d'après la proposition de son comité des récompenses, a décerné à M. D. Fabre une Médaille d'honneur de 2e classe (Médaille d'argent).

DÉPARTEMENT DE VAUCLUSE.

CHAMBRE DE COMMERCE D'AVIGNON.

Avignon, le 13 Février 1860.

Le Président de la Chambre de Commerce,

à Monsieur D. Fabre, Pharmacien à Arles.

Monsieur,

Le Jury du concours relatif à la découverte d'un procédé propre à constater les altérations frauduleuses de la Garance et ses dérivés, dans sa séance de vendredi dernier, 10 courant a décidé qu'aucun des mémoires présentés au concours n'atteignait complètement le but du programme et que, pour ce motif, il n'y avait pas lieu de décerner le prix proposé.

Néanmoins, il se plaît à reconnaître que plusieurs de ces mémoires, et le vôtre en particulier, Monsieur, renferment des indications dont l'utilité pratique lui a paru devoir mériter les honneurs d'une mention spéciale et ceux de la publicité.

Aussi, a-t-il décidé, Monsieur, de vous offrir, avec ses remercîments pour avoir répondu à l'appel qui vous avait été adressé, une somme de Cinq cents francs, à la condition que vous l'autoriserez à donner à votre travail toute la publicité qu'il jugera convenable; j'aime à croire, Monsieur, que cette proposition vous sera agréable, etc., etc.

En attendant que vous me favorisiez d'une prompte réponse, je vous prie d'agréer, Monsieur, l'assurance de ma considération très-distinguée.

Le Président de la Chambre de Commerce et du Jury.

Signé : Jn VERDET.

DÉPARTEMENT DE VAUCLUSE.

CHAMBRE DE COMMERCE D'AVIGNON.

Avignon, le 28 Février 1860.

Le Président de la Chambre de Commerce,

à Monsieur D. Fabre, Pharmacien à Arles.

Monsieur,

Les propositions que j'ai eu l'honneur de vous faire au nom du Jury, dans ma lettre du 13 courant et agréées par vous, ont été soumises à MM. les souscripteurs, qui les ont pleinement ratifiées dans la réunion générale tenue samedi dernier.

En conséquence, je vous adresse aujourd'hui la somme de Cinq cents francs en un mandat à votre ordre payable à Avignon, chez M. Ad. Palun, trésorier de la souscription. Cette somme, dont je vous prie de m'accuser réception, vous a été décernée à titre de *mention honorable.*

L'assemblée a en outre décidé que les trois mémoires couronnés seraient publiés *in extenso* à ses frais, en un seul corps de brochure, au nombre de 500 exemplaires, dont 25 seraient tenus à votre disposition, etc.

Agréez, je vous prie, Monsieur, l'assurance de ma considération distinguée.

Le Président de la Chambre de Commerce et du Jury.

Signé : Jn VERDET.

MÉMOIRE N° 1.

Je n'ai pas la prétention d'innover, mais seulement d'indiquer et de décrire un procédé qui découle des théories chimiques.

L'Auteur.

MÉMOIRE

SUR LES

ALTÉRATIONS FRAUDULEUSES

DE LA GARANCE

ET DE SES DÉRIVÉS,

PAR

M. D. FABRE J[NE]

DE MONTEUX (VAUCLUSE),

PHARMACIEN-CHIMISTE A ARLES, EX-DIRECTEUR DE FABRIQUES
DE GARANCINE EN FRANCE ET EN ESPAGNE.

La Garance, cette précieuse racine tinctoriale, était à peine naturalisée parmi nous, qu'elle devenait l'objet d'une branche importante de notre industrie nationale. Sa rareté, son utilité, et l'intérêt qui se rattache à son étude scientifique et industrielle, captivaient bientôt l'esprit des botanistes, des chimistes et des physiologistes. Aussi, de nombreux travaux ont été publiés sur cette substance colorante ; beaucoup de savants distingués ont porté leur attention sur elle. Il me suffira de citer MM. Berthollet, Liebig, Berzélius, Braconnot, Dambourney, Decandolle, Robiquet, Colin, Chevreul, Decaisne, Girardin, Raspail, Runge, Gaultier de Claubry, Persoz, Schlumberger, Kœchlin, Kuhlmann, Schunk et Schumann.

Cette plante modeste méritait bien d'entrer pour une aussi large part dans les préoccupations des savants, car n'est-elle point la source de la fortune d'un grand nombre d'industriels et d'agriculteurs ? N'est-ce pas à elle que doit son aisance et son activité le riche et riant département de Vaucluse ? N'est-ce pas à elle qu'est due la grande extension qu'a prise depuis trente ans l'industrie des toiles peintes ?

Mais son prix élevé, sa grande consommation, et la forme de poudre sous laquelle elle a dû être livrée aux teinturiers et aux indienneurs, en ont fait bientôt la proie malheureuse d'avides spéculateurs. Des substances minérales très-pesantes et pour ainsi dire sans prix, telles que la brique pilée, l'ocre rouge ou jaune, le sable et l'argile jaunâtres, etc., ont d'abord été introduites dans la poudre de Garance. Une fraude aussi grossière n'ayant pas tardé à être reconnue, on a remplacé ces poudres inertes par des poudres végétales également à bas prix, d'une couleur et d'une densité presque identiques à celles de la Garance : le bois de Campêche, le bois de Santal rouge, les diverses variétés de bois du Brésil, (Fernambouc, Lima, Sappan), le bois de Fustet, le bois de Cuba, les écorces de Chêne, de Quercitron, de Grenadier, de Pin, de Châtaignier, (1) etc., sont de ce nombre. Ces substances tinctoriales exercent une influence d'autant plus désastreuse,

(1) L'écorce du Châtaignier contient deux fois plus de tan que celle du Chêne ; ce qui, avec son bas prix, explique le grand emploi de l'extrait de Châtaignier dans la falsification de la Garancine.

qu'elles s'opposent à une bonne teinture, parce que leur fibre ligneuse se combine avec la matière colorante de la Garance et qu'elles font agir sur les mordants dont sont imprégnés les tissus une quantité quelquefois considérable d'une matière colorante de peu de valeur, au détriment de celle de la Garance, dont la vivacité des couleurs est aussi très-sensiblement altérée par celle de ces bois tinctoriaux. En outre, leur introduction dans la Garance n'a pu, jusqu'aujourd'hui être reconnue facilement, les moyens employés pour constater la présence des substances minérales ne leur étant nullement applicables.

Depuis quelques années, et tandis que les falsificateurs continuent audacieusement l'exploitation d'un champ si fertile, les savants paraissent avoir interrompu leur œuvre devant un point capital d'observation : c'est qu'il s'agit maintenant d'une question plutôt pratique que théorique, et dont la solution dépend bien plus des praticiens ou des industriels que des savants de laboratoire ou de cabinet.

L'altération frauduleuse de la Garance et des produits qui en dérivent (Fleur de Garance, Garanceux et Garancine) ne peut être pratiquée que par les Fabricants de ces produits, et elle l'est surtout par le plus grand nombre des Fabricants dits à façon, qui triturent ou confectionnent pour le compte des Négociants sans usines ou auxquels leurs usines ne peuvent suffire. Mon assertion à cet égard s'appuie sur le vœu émis par la Chambre de Commerce d'Avignon, dans sa délibération du 20 décembre 1858, de décerner un Prix à l'Auteur d'un procédé propre à reconnaître, dans la Garance et ses dérivés, toute altération ou mélange ayant un caractère frauduleux. Or, les honorables Membres de cette Chambre de Commerce sont tous, sans exception, fabricants de Garance ou Garancine, négociants riches, industriels intelligents. Puisque la fraude leur est préjudiciable et qu'ils veulent la combattre, il est évident qu'elle ne se pratique pas dans leurs usines. Placés eux-mêmes, presque aussi bien que les consommateurs de ces produits tinctoriaux, dans l'impossibilité de pénétrer les secrets d'une fraude si habilement combinée, et voulant l'arrêter dans ses progrès rapides, ils ont vainement, les uns et les autres, cherché un moyen dans les ouvrages des Chimistes qui ont traité spécialement cette question.

En effet, si on consulte les différents Auteurs qui se sont occupés de la Garance, soit au point de vue scientifique, soit sous le rapport commercial et manufacturier, on voit qu'ils ont signalé tout ce qui est relatif à l'histoire, la culture, la composition et l'emploi de cette rubiacée, ainsi qu'aux fraudes et abus introduits dans l'industrie à laquelle elle a donné naissance; mais qu'ils n'ont indiqué aucun procédé facile et sûr pour reconnaître et constater la plus nuisible de toutes les fraudes qui s'insinuent si adroitement dans les manipulations auxquelles elle donne lieu.

Voici, à cet égard, ce qu'on lit dans la *Technologie de la Garance*, de M. J. Girardin, 1844, page 23 : « En rai-« son du prix élevé de la Garance, et surtout de la facilité « d'introduire dans cette substance, qui se vend sous forme « de poudre, des matières étrangères pulvérulentes que « l'œil le plus exercé ne pourrait reconnaître, cette racine « est l'objet d'une foule de fraudes qu'on ne saurait mettre « trop de soins à signaler. Ces fraudes sont de deux sortes : « tantôt on incorpore à la poudre de Garance des substan-« ces terreuses ou minérales; tantôt on y ajoute des sub-« stances végétales dont la couleur se rapproche de celle de « cette racine, ou au moins ne peut modifier sensiblement « celle de cette dernière. On conçoit que les moyens à em-« ployer pour constater la présence des unes et des autres « doivent différer en raison de leur nature si diverse. »

Après avoir indiqué les substances minérales qu'on introduit frauduleusement dans les Garances, et les moyens de reconnaître ce genre d'adultération, M. Girardin passe à la sophistication par les substances végétales. « Malheureusement, dit-il, les moyens qu'on peut employer pour « reconnaître ce nouveau genre de fraude ne sont ni aussi « rigoureux, ni aussi simples que le procédé qui sert à « déterminer la présence des matières minérales. Il est « extrêmement difficile de constater par quelle sorte de « substance végétale une Garance est fraudée; on ne peut, « le plus souvent, que reconnaître qu'il y a mélange. Au « surplus, c'est là le point le plus important, et le praticien, après tout, n'a besoin que de savoir la valeur « tinctoriale de la Garance qu'il achète. »

M. Chevallier, dans son *Dictionnaire des falsifications*, dit, à l'article Garance, après avoir indiqué le même procédé que M. Girardin pour reconnaître la fraude par les substances minérales : « La fraude de la Garance par les « substances organiques, plus préjudiciable au teinturier « que la première, est très-difficile à reconnaître, du moins « quant à la nature des substances qui ont servi à falsifier. « Le plus souvent on ne peut que reconnaître qu'il y a « mélange : aussi, faut-il toujours déterminer la valeur « tinctoriale de la Garance. »

Je dois citer aussi le passage principal d'un article sur la *Sophistication de la Garance*, de M. le Professeur Schumann, d'Essingen, extrait du journal *le Technologiste* : « Ces falsifications (par les substances végétales), les plus « nuisibles, et sans aucun doute, les plus communes, « sont difficiles à découvrir; ce qu'il y a de mieux à « faire, c'est d'essayer une opération de teinture; mais ce « moyen ne fait pas connaître la substance avec laquelle on « a falsifié, pas plus que l'analyse chimique, et il n'y a

« que quelques cas rares où l'emploi du microscope per-
« met d'obtenir quelques indices, lorsque la substance n'a
« pas été amenée à un état trop fin de pulvérisation. En
« général, on est réduit à dire : cette Garance teint moins
« bien et a moins d'éclat qu'elle ne devrait le faire. »

Ainsi qu'on en est convaincu après la lecture de l'opinion de Chimistes aussi compétents dans cette question, l'altération frauduleuse de la Garance, quoique bornée à quelques drogues simples lorsqu'elle commença à être mise en usage, n'était pas moins très-difficile à reconnaître qualitativement. Il y avait bien là de quoi stimuler vivement l'ardeur des fraudeurs patentés. On était arrivé pourtant, il y a quelques années, disait-on, à Rouen et à Mulhouse, à reconnaître assez facilement les mélanges trop grossièrement faits des bois de Campêche, de Brésil, des Écorces de Chêne, de Grenadier, avec la Garance. Mais, depuis quelques années, les falsificateurs découverts et pour ainsi dire montrés à l'index, se sont ravisés, et ils ont commencé par incorporer à la Garance et surtout à la Garancine, d'abord les extraits des substances employées primitivement en nature, et ensuite des mélanges tellement complexes et mal définis, qu'il était réellement indispensable de les avoir préparés ou vu préparer pour pouvoir étudier les moyens de les déceler sûrement. Car on ne peut plus se contenter, aujourd'hui, de savoir qu'un produit peut être falsifié par l'addition de certaines subtances nuisibles et d'une valeur inférieure, on veut pouvoir reconnaître et constater qualitativement ce mélange frauduleux, afin d'empêcher qu'il se reproduise.

En outre, certains fabricants de Garancine, au lieu de rendre leur produit neutre au moyen d'un lavage convenable, ne font cette opération qu'à demi, et neutralisent ensuite leur Garancine par l'addition de 1 à 5 pour cent de

Craie (carbonate de chaux) ou de Soude (carbonate de soude). Cette manœuvre frauduleuse est nuisible à tous égards : 1° elle laisse subsister dans la Garancine une quantité d'acide préjudiciable à la qualité et à la quantité du produit vendu ; 2° elle introduit dans une substance une autre substance qui lui est étrangère et nuisible et qui en augmente le poids réel ; 3° la Garancine ainsi falsifiée ne peut servir à une bonne teinture, car pendant qu'on la délaye dans l'eau, l'acide sulfurique qu'elle contient encore se combine, ou avec le carbonate de Soude, et forme du sulfate de Soude, sel soluble et qui ne peut que nuire à l'opération, ou avec le carbonate de Chaux, pour former du sulfate de Chaux, sel peu soluble, mais très-préjudiciable à la teinture, le pouvoir colorant de la Garance pouvant en être affaibli jusqu'à 50 p. %.

J'ai désigné, dans le tableau indicatif ci-après, les réactifs à employer pour reconnaître ce genre de sophistication. (1)

La falsification de la Garance et de ses dérivés par l'addition de matières minérales inertes étant presque entièrement abandonnée, et, du reste, les procédés indiqués par les Chimistes dont j'ai cité l'opinion étant les seuls propres à sa constatation, je ne devrais pas avoir à m'en occuper. Ce n'est que pour éviter au Praticien des recherches bien souvent ennuyeuses que je transcrirai ici le procédé de M. le professeur Schumann, qui, à mon avis, est le plus usuel :

(1) Avant de convertir une Garance en Garancine, les fabricants consciencieux qui s'approvisionnent de cette matière première à l'état de poudre auprès des Triturateurs ou des Négociants, devraient s'assurer de sa pureté ; car, plus tard, la Garancine par eux fabriquée, et qu'ils livrent avec la certitude qu'elle est exempte de fraude, peut être analysée et reconnue falsifiée. Comment pourront-ils prouver alors que la fraude qui leur sera imputée préexistait dans la poudre de Garance employée par eux à la fabrication du produit vendu ?

« On n'a qu'à délayer la poudre de Garance dans de « l'eau et opérer par la lévigation : la poudre de Garance « est entraînée par le liquide en opérant la décantation, « parce qu'elle est plus légère que les substances minéra- « les, qui restent déposées au fond du vase qui a servi à « l'opération. En répétant cette opération, il est facile de « séparer complétement la Garance des matières minérales « qui ont servi à la sophistiquer. On constate aussi cette « falsification en brûlant une quantité déterminée de Ga- « rance desséchée à 100 degrés centigrades, dans un creu- « set de platine chauffé à la lampe alcoolique. Si on com- « pare, après la combustion, le résidu qui en est résulté, « avec les nombres du tableau ci-après, il est facile d'en « conclure s'il y a sophistication. Ce résidu peut, en outre, « être analysé chimiquement, et, à ce sujet, il est bon de « faire remarquer que les cendres d'une Garance qui n'a « pas été sophistiquée avec des matières inorganiques, se « dissolvent, à un très-faible résidu près, dans de l'acide « chlorhydrique très-étendu, ce qui n'a pas lieu avec la « Garance qui a été allongée de la manière indiquée.

« 100	parties	Alizaris du Levant, laissent, suivant M. Chevreul,	9,80 de cendres.
« 100	«	Garance d'Avignon, épuisée avec de l'eau distillée, laissent, suivant M. Schlumberger,	8,76 «
« 100	«	Garance d'Alsace, épuisée avec de l'eau distillée, laissent, suivant M. Schlumberger,	7, 20 «
« 100	«	Garance d'Alsace, laissent, suivant M. Kœchlin,	8, 25 «
« 100	«	Garance d'Alsace, autre sorte, laissent, suivant M. Kœchlin,	8, 42 «

En présence de la multiplicité des substances végétales employées par certains fabricants pour diminuer le prix de revient de leurs Garances ou Garancines ; devant le perfectionnement apporté chaque jour à la fraude, qui, elle aussi, a voulu entrer fièrement dans la voie progressive que la science fait suivre à toutes les industries, les recherches ayant pour but l'adoption d'un procédé propre à reconnaître une semblable sophistication devaient tout naturellement être longues et pénibles et rester infructueuses pour le plus grand nombre des expérimentateurs.

L'état actuel de la situation justifie ce que j'avance.

Qui se serait douté, en effet, à Rouen comme à Mulhouse, et même à Avignon, à Barcelone ainsi qu'à Glascow, à Breslau et à New-York, en Hollande, en Russie et en Belgique, que certains fabricants de Garance ou de Garancine introduisaient et introduisent encore dans leurs produits des extraits de bois de Campêche, de Brésil, de Cuba, de Fustet, de Quercitron, de Châtaignier, etc., très-souvent mélangés entr'eux et ajoutés ensuite à un autre mélange de Santal rouge, de Noix de Galle, de Sumac, d'Écorce de Chêne, de Grenadier, de Pin, de Craie ou de Soude, etc., etc. (1).

(1) Voici les formules de quelques uns de ces mélanges, que je crois devoir soumettre au jugement des Fabricants consciencieux et à celui des Imprimeurs sur toile :

1			2		
Eau de Soude.	5	Gr.	Eau de Soude.	5	parties.
Extr. de Lima.	5	»	Extr. de Lima.	5	»
— de Quercitron.	5	»	Bois de »	10	»
Bois de Lima.	10	»	Sumac.	10	»
Noix de Galle.	10	»	Noix de Galle.	10	»

Les conditions dans lesquelles je me suis trouvé, il y a six ans, en Espagne et en France, m'ont permis d'étudier particulièrement la manière dont se pratique cette fraude et, par conséquent, de rechercher avec succès un procédé simple et rigoureux pour la constater.

Les drogues simples servant à cette fraude étant une fois connues, j'ai dû m'occuper de l'étude de leur composition et chercher à connaître l'action que les réactifs pouvaient exercer sur elles, traitées d'abord séparément et ensuite

3

Noix de Galle.	10 parties.
Bois de Lima.	10 "

4

Bois de Lima.	10 parties.
Sumac.	20 "
Carb. de Soude.	1 "
Fleur de Garance.	30 "
Eau dist. chaude.	Q. S.

5

Bois de Lima.	4 parties.
Noix de Galle.	20 "
Ext. de Cuba.	2 "
Eau de Soude très-saturée.	Q. S.

6

Sumac.	2500 kilog.
Carb. de Soude.	130 "
Bois de Brésil.	65 "
Eau chaude.	500 lit. environ.

7

Eau de Soude.	1 partie.
Ext. de Fernambouc.	1 "
Bois de Fernambouc.	1 partie.
Noix de Galle.	2 "
Sons de Garancine.	Q. S.

8

Eau de Soude.	Q. S.
Bois de Lima.	1 partie.
— de Campêche.	1 "
Noix de Galle.	1 "
Extr. de Lima.	1/2 "
— de Quercitron.	1/2 "

9

Eau chaude.	400 lit. env.
Carb. de Soude.	125 kilog.
Bois de Lima.	60 "
— de Campêche.	60 "
Décoction de Quercitron.	400 lit. env.
Sumac de Sicile.	2000 kilog.

10

Garancine noire et acide.	Quant. déterminée.
Extr. de Lima.	1 p. 0/0
— de Quercitron.	1 p. 0/0
Carb. de Soude.	5 p. 0/0

réunies en diverses proportions, à l'instar des fabricants que j'ai pu voir à l'œuvre. Ces travaux préliminaires terminés, il ne s'agissait plus que de savoir si les caractères présentés par ces substances, alors qu'elles étaient soumises directement, soit séparément, soit mélangées entr'elles, à l'action des Agents chimiques, se reproduiraient assez sensiblement lorsqu'elles seraient mélangées à la Garance ou à la Garancine dans les proportions de 1/4 à 1 p. 0/0 au moins : là était tout le problème.

Contrairement à l'opinion unanimement émise par tous les Chimistes qui ont écrit sur cette question, je viens, appuyé sur des expériences concluantes, affirmer que la falsification des Garances et Garancines par les substances empruntées au règne végétal est facile à découvrir et à constater qualitativement, et que l'Analyse chimique est le seul et véritable moyen d'obtenir ce résultat.

PROCÉDÉ.

Le procédé analytique dont je viens donner la description est applicable au Garanceux , à la Fleur de Garance et à la Garancine, aussi bien qu'à la poudre de Garance, ces trois produits étant, ainsi que celui dont ils dérivent , falsifiés avec les mêmes substances.

L'Analyse sera simplement qualitative , afin d'être praticable par un plus grand nombre de personnes (les résultats qu'on peut en obtenir étant, du reste , très-satisfaisants). Mon mode d'opérer étant admis en principe , il sera facile aux manipulateurs de procéder ensuite à une analyse quantitative. (*Voy. Manuel pratique d'analyse chimique de M. Deschamps d'Avallon*).

Il est indispensable , pour la plus grande sûreté des résultats donnés par l'analyse, d'avoir un Type Garance , Fleur, ou Garancine , selon le genre de produit qu'on veut analyser , de la pureté duquel on soit certain ; pour cela, il conviendrait de l'avoir préparé soi-même.

On pèse 10 grammes de chaque échantillon à soumettre à l'analyse , et 10 grammes du type ; chaque pesée est mise dans un gobelet Bohême cylindrique. Les gobelets sont ensuite placés dans un appareil à Bain-Marie, semblable à celui dont on se sert pour les essais de teinture; on place aussi dans l'appareil un thermomètre centigrade servant à indiquer le degré de température du bain. Afin de ne pas confondre les échantillons, on colle une étiquette ou un n° sur chaque gobelet. On verse dans chaque gobelet deux décilitres (200 grammes) d'eau distillée chimiquement pure. On chauffe modérément le B-M. jusqu'à 100° du thermomètre et on laisse continuer l'ébullition pendant un quart-d'heure, en ayant soin d'agiter le contenu de chaque gobelet avec une baguette ou agitateur de verre. On laisse tiédir, on filtre et on recueille séparément dans des verres à précipités, pour soumettre ensuite chaque liquide filtré à l'action des réactifs désignés sur le tableau ci-après.

On doit avoir des verres à précipités, de la contenance de 30 grammes seulement, qu'on remplit aux deux tiers; de cette façon, chaque échantillon étant traité par 200 grammes d'eau distillée, on pourra examiner dix réactions sur chacun d'eux, dans la même opération. On agira ainsi avec un réactif sur une quantité (20 grammes) de liquide contenant les parties solubles de 1 gramme de Garance, Fleur ou Garancine. (1)

Les réactifs que j'ai choisis sont d'une sensibilité telle qu'ils permettent de reconnaître la présence de 1/4 p. 0/0 (0^{gr},002 milligrammes 1/2) de substance étrangère dans 1

(1) On peut aussi se servir de verres de montre concaves, ou de tubes de verre de 0,01 c. de diamètre, et de 0,10 c. de longueur, fermés à une de leurs extrémités.

gramme de Garance ou de Garancine, chiffre qui va bien au delà des limites commerciales. (1)

Exemple d'Analyse. — Je suppose avoir 3 échantillons de Garancine à analyser. Je pèse 10 grammes de chacun et 10 grammes d'un Type et j'opère comme j'ai dit ci-dessus. (2) Chaque liquide filtré est distribué aussi également que possible dans 10 verres à précipités que j'ai le soin de placer en lignes droites et séparées sur la table où je manipule. J'aligne devant moi les 4 premiers verres, le Type toujours en tête et je prends, par exemple, le Soluté de Deutochlorure d'Etain; j'en verse quelques gouttes dans le premier

(1) Dans l'Analyse des Garancines, il faut savoir d'abord, après l'opération au B.-M. et la filtration du liquide, si celui-ci est neutre, acide ou alcalin, au moyen du papier de Tournesol. On recherche ensuite la présence des Sulfates de Chaux et de Soude par les réactifs indiqués sur le tableau ci-après. La formation de l'un ou de l'autre de ces Sulfates est due, ainsi que je l'ai dit plus haut, aux carbonates de Chaux ou de Soude introduits frauduleusement dans la Garancine, et qui se combinent avec l'Acide Sulfurique laissé à dessein dans ce produit colorant. Ces deux sels inorganiques ne peuvent toutefois être découverts, alors que les Carbonates qui auraient pu leur donner naissance ont été neutralisés ou décomposés par leur mélange avec la Noix de Galle, le Sumac, les Écorces de Chêne, de Grenadier, de Quercitron, de Châtaiguier, de Pin, etc., substances essentiellement tannifères et qui agissent sur ces deux sels soit à la manière de l'Acide Tannique, soit comme Acide Gallique, Luteo-Gallique, ou Ellagique, selon leurs proportions respectives et les manipulations qu'on fait subir à des mélanges frauduleux aussi mal formulés et définis.

(2) Pour la recherche du Santal rouge, il faudra remplacer l'eau distillée par l'Alcool à 45° ou 50° centésimaux, la matière colorante de ce bois étant de nature résineuse, et, par conséquent, insoluble dans l'eau.

On devra procéder de même lorsqu'il s'agira de rechercher le fruit ou l'écorce du Pin, ces substances contenant aussi une certaine quantité de résine.

verre du Type et j'agite avec une baguette de verre. Le liquide étant reposé et n'apercevant pas de précipité, je verse encore quelques gouttes du réactif et sans dépasser, pour chaque verre, 12 à 15 gouttes. Il ne se forme pas de précipité, ou bien celui qui s'est formé est jaune-fauve. J'examine l'indication portée sur le tableau, et je reconnais que c'est bien là le caractère de la pureté. Je verse progressivement de 12 à 15 gouttes du même réactif dans le verre qui est à côté du Type, et si la même réaction se manifeste, j'en conclus que cet échantillon est pur. J'agis pareillement sur le 3e verre, et il ne se forme pas de précipité, mais le liquide devient violet ou lilassé; je me reporte sur le tableau, à la colonne des indications, et je trouve que la présence du Campêche est indiquée. Je continue de traiter ainsi le 4e verre et il se produit un précipité jaune-blanchâtre et floconneux : le tableau indicatif m'assure que c'est là le caractère du Sumac. — Si les réactions ne sont pas assez caractéristiques, il convient de mettre les verres de côté et d'examiner de nouveau 24 h. après. — Après avoir opéré sur ces 4 verres, je prends les 4 suivants pour les soumettre à l'action d'un autre réactif, soit afin de contrôler ma première opération, soit pour rechercher la présence d'autres drogues dans mes échantillons ; car une Garance ou une Garancine peut à la fois contenir, ainsi que je l'ai établi dans mon exposé, du bois de Brésil, du bois de Campêche, des substances tannifères telles que le Sumac, les écorces de Chêne, de Grenadier, de Châtaignier, de Pin, la Noix de Galle, etc., soit en nature, soit à l'état d'extrait. La présence d'une ou plusieurs drogues étant constatée, on doit donc s'occuper de la recherche des autres. Or, comme le nombre des réactifs employés dans cette analyse est assez grand et qu'ils présentent des caractères fort distincts suivant qu'ils se trouvent en contact avec telle ou telle substance, il est nécessaire d'en essayer successivement plusieurs. Par ce moyen, une opération se trouve contrôlée par une opération subséquente, et telle substance qui peut ne présenter aucun caractère saillant avec tel réactif qui a déjà, du reste, décelé la présence d'une autre, peut être reconnue à l'aide d'un autre réactif qui n'exercera que peu ou point d'action sur la substance précipitée par le premier. Par exemple, dans les mélanges dont j'ai donné plus haut les formules, la substance dominante peut être facilement reconnue à l'aide d'un Réactif capable de déceler aussi d'autres substances, mais elle peut aussi empêcher ce même Réactif d'agir sur les substances qui lui ont été associées dans de plus minimes proportions, selon que le Réactif employé exerce une action plus ou moins sensible ou particulière sur les substances qui composent ces mélanges.

Un mode d'opérer peut-être un peu plus long, mais plus simple et plus facile pour les industriels, consisterait à avoir un Type réellement pur, à l'additionner d'une ou de plusieurs des substances employées à la fraude, et que j'ai indiquées dans le cours de ce Mémoire, à le traiter ensuite par les réactifs désignés, en même temps que le Type pur et l'échantillon faisant l'objet de l'Analyse, et à observer ensuite comparativement les divers précipités obtenus. Lorsqu'on aurait soumis ces échantillons à l'action des principaux réactifs, la solution ne pourrait être douteuse : ou la Garance suspecte présente constamment les mêmes caractères que le Type, ou des caractères semblables à ceux de l'Échantillon falsifié à dessein. Dans le premier cas, elle est, sans contredit, pure de tout mélange, tandis que dans le second on peut affirmer qu'elle contient les mêmes substances que l'on a introduites dans le Type. — Un peu d'attention et d'habitude rendront ces opérations faciles, même aux personnes les plus étrangères aux manipulations chimiques, pour peu qu'elles soient intelligentes.

TABLEAU
INDICATIF.

TABLEAU INDICATIF

Des Réactifs à employer, des Caractères des Réactions, et de leurs Significations.

Nos d'ordre.	RÉACTIFS OU LIQUIDES PRÉCIPITANTS.	RÉACTIONS OU PRÉCIPITÉS.	INDICATIONS RÉSULTATIVES.	OBSERVATIONS.
1	Eau de Baryte récente.	Précipité blanc et abondant.	Acide sulfurique, Sulfates de chaux, de Soude.	Verser le réactif par gouttes et agiter chaque fois.
2	Eau de Chaux id.	id. id. id.	Sulfate de Soude.	»
3	Azotate de Baryte.	id. id. id.	Acide sulfurique, Sulfates de chaux, de Soude.	»
4	Carbonate de Soude.	id. id. id.	Sulfate de chaux.	»
5	Alcool à 90° centésimaux.	id. id. id.	id. id.	»
6	Chlorure de Barium.	id. id. id.	Acide sulfurique, Sulfates de chaux, de Soude.	»
7	id. id.	id. floconneux roux-verdâtre.	Bois de Fustet.	12 à 15 gouttes du réactif dans 20 grammes du liquide à analyser.
8	id. id.	Colore la liqueur en pourpre ou en violet.	Bois d'Inde ou de Campêche.	»
9	id. id.	Fonce légèrement la teinte du liquide.	Bois de Cuba.	»
10	id. id.	Précipite des flocons abondants brun-rougeâtre.	Écorce de Quercitron.	»
11	id. id.	Aucune réaction.	Garance pure.	»
12	id. id.	Colore le liquide en rose-clair tirant sur le violet.	Garancine pure.	»
13	Acide sulfurique pur à 66°.	Le bain prend immédiatement une teinte roux-fauve ou légèrement jaune-verdâtre.	id. id.	»
14	id. id.	Le bain se colore en jaune-roux.	Garance pure.	»
15	id. id.	Le liquide tourne au rouge plus ou moins foncé.	Bois d'Inde ou de Campêche.	»
16	id. id.	Fonce la couleur en jaune, et occasionne un précipité rouge, virant vers le jaune.	Bois de Brésil (Sapan, Fernambouc).	»
17	id. id.	Fait tourner le liquide au cramoisi-sombre ou au rouge de cochenille.	Bois de Santal rouge.	»
18	id. id.	Précipité floconneux jaune-roux.	Bois de Cuba.	»
19	id. id.	Détermine des flocons d'un rouge-orangé.	Écorce de Quercitron.	»
20	Azotate d'Argent.	Précipité rouge-sale-floconneux.	Garance ou Garancine pure.	»
21	id. id.	— et bain jaune sale ou blanc-jaunâtre.	Substances tannifères (Noix de Galle, Écorces diverses).	»
22	id. id.	Trouble et colore fortement la liqueur en gris-verdâtre sale.	Sumac.	»
23	id. id.	Trouble d'abord la liqueur et forme ensuite un précipité violet sale, tournant au gris verdâtre.	Bois de Campêche.	»
24	id. id.	Précipité rouge-brun.	Bois de Santal rouge.	»
25	id. id.	— roux-brun.	Bois de Fustet.	»

SUITE DU TABLEAU.

N^os d'ordre.	RÉACTIFS ou liquides précipitants.	RÉACTIONS OU PRÉCIPITÉS.	INDICATIONS RÉSULTATIVES.	OBSERVATIONS.
26	Azotate de Bismuth.	Précipité floconneux et blanc, légèrement rosé.	Garance ou Garancine pure.	12 à 15 gouttes du réactif dans 20 grammes du liquide à analyser.
27	*id.* *id.*	— orangé : la liqueur se colore en rouge-curaçao.	Substances tannifères (Noix de Galle, Écorces diverses).	»
28	*id.* *id.*	— rose ou rouge plus ou moins intense.	Bois de Brésil (Lima, Sapan, etc).	»
29	*id.* *id.*	Pas de précipité : colore la liqueur en rouge plus ou moins éclatant.	Bois de Santal rouge.	»
30	*id.* *id.*	Précipité blanc sale et floconneux : le bain se colore en jaune-verdâtre.	Sumac.	»
31	*id.* *id.*	Précipité et bain violets plus ou moins foncés.	Bois de Campêche.	»
32	Acétate, Azotate et Sulfate de Cuivre.	— floconneux et blanc plus ou moins rougeâtre.	Garance ou Garancine pure.	»
33	*id.* *id.* *id.* *id.*	— abondant, brun-rougeâtre.	Substances tannifères (Écorces diverses, Noix de Galle).	»
34	*id.* *id.* *id.* *id.*	— bleu ou lie de vin foncé.	Bois de Campêche.	»
35	*id.* *id.* *id.* *id.*	— grenat floconneux.	Bois de Brésil (Lima, Sapan), etc.	»
36	Acétate de Cuivre.	— jaune-verdâtre : le bain reste vert-jaunâtre.	Écorce de Quercitron.	»
37	Acétate de Cuivre.	Précipité floconneux d'un rouge-marron.	Bois de Fustet.	»
38	*id.* *id.*	— jaune-brun.	Bois de Cuba.	»
39	*id.* *id.*	— floconneux brun-jaunâtre.	Sumac.	»
40	Sulfate de Cuivre.	— vert foncé.	Bois de Cuba.	»
41	Proto et Deuto-chlorure d'Étain.	Précipité jaune sale ou jaunâtre.	Substances tannifères (Noix de Galle, Écorces diverses).	»
42	Proto-chlorure d'Étain.	— brunâtre ; la liqueur reste claire et colorée en jaune-brun.	Garance ou Garancine pure.	»
43	*id.* *id.*	— rose plus ou moins vif.	Bois de Brésil (Lima, Sapan, etc.)	»
44	*id.* *id.*	— rouge plus ou moins foncé.	Bois de Santal rouge.	»
45	*id.* *id.*	— violet ou bleu.	Bois de Campêche.	»
46	*id.* *id.*	— jaune.	Bois de Cuba.	»
47	*id.* *id.*	— roux.	Écorce de Quercitron.	»
48	*id.* *id.*	— floconneux orangé-rougeâtre.	Bois de Fustet.	»
49	Deuto-chlorure d'Étain.	Pas de précipité, ou précipité floconneux jaune-fauve.	Garance ou Garancine pure.	»
50	*id.* *id.*	— la liqueur devient blassée, ou précipité et bain violets.	Bois de Campêche.	»
51	*id.* *id.*	Précipité et bain rouge plus ou moins intenses.	Bois de Brésil (Fernambouc, Lima)	»
52	*id.* *id.*	— jaune doré.	Bois de Cuba.	»
53	*id.* *id.*	Le liquide se trouble : précipité jaune blanchâtre et floconneux.	Sumac.	»
54	*id.* *id.*	Précipité jaunâtre.	Écorce de Quercitron.	»
55	*id.* *id.*	— rouge-brique.	Bois de Santal rouge.	»

SUITE DU TABLEAU.

Nos d'ordre.	RÉACTIFS OU LIQUIDES PRÉCIPITANTS.	RÉACTIONS OU PRÉCIPITÉS.	INDICATIONS RÉSULTATIVES.	OBSERVATIONS.
56	Proto-sulfate de fer.	Colore la liqueur en brun, et donne, après 24 heures, un précipité rouge.	Garance ou Garancine pure.	Les sels de fer ne doivent pas être employés avec excès : 6 à 8 gouttes dans 20 grammes du liquide à analyser.
57	*id.* *id.*	Précipité violet plus ou moins abondant.	Bois de Santal rouge.	»
58	Persulfate et Perazotate de Fer.	— rouge-brun intense.	*id.* *id.*	»
59	Persulfate de Fer.	Colore la liqueur en vert très-foncé légérement jaunâtre et détermine un précipité grenat-verdâtre.	Sumac.	»
60	Sels de Fer en général.	Pas de précipité ; la liqueur se colore par degrés en noir-bleuâtre, plus ou moins intense.	Substances tannifères. (Écorces diverses, Noix de Galle).	»
61	*id.* *id.*	Pas de précipité : colorent promptement la liqueur en beau noir.	Écorce de Châtaignier, ou son extrait.	»
62	*id.* *id.*	Précipité noir-bleuâtre.	Bois de Campêche.	»
63	*id.* *id.*	— brun-violet.	Bois de Brésil. (Lima, Fernambouc).	»
64	*id.* *id.*	Colorent le liquide en vert et forment un précipité brun-verdâtre.	Écorce de Quercitron.	»
65	Acétate et Azotate de Plomb.	Précipité floconneux rouge-brunâtre.	Garance ou Garancine pure.	12 à 15 gouttes du réactif dans 20 grammes du liquide à analyser.
66	*id.* *id.*	— blanc.	Substances tannifères. (Noix de Galle, etc.).	»
67	*id.* *id.*	— violet plus ou moins foncé : le liquide surnageant devient verdâtre.	Bois de Campêche.	»
68	*id.* *id.*	— violet bleuté plus ou moins foncé.	Bois de Santal rouge.	»
69	*id.* *id.*	— rouge plus ou moins intense.	Bois de Brésil.	»
70	Acétate de Plomb.	— jaune-orangé.	Bois de Cuba.	»
71	*id.* *id.*	— floconneux rouge-orangé.	Bois de Fustet.	»
72	*id.* *id.*	Précipite des flocons épais d'un jaune-serin qui se changent en rose-blanchâtre.	Sumac.	»
73	*id.* *id.*	Précipite des flocons épais jaune-roux.	Écorce de Quercitron.	»
74	Bi-chrômate de Potasse.	Pas de réaction.	Garance ou Garancine pure.	»
75	*id.* *id.*	Après 12 heures, la couleur du liquide s'est foncée plus ou moins.	Substances tannifères.	»
76	*id.* *id.*	Colore le liquide en rouge très-vif.	Bois de Brésil.	»
77	*id.* *id.*	Fonce légèrement la couleur du liquide.	Bois de Fustet.	»
78	*id.* *id.*	Pas de réaction.	Bois de Cuba.	»
79	*id.* *id.*	Colore la liqueur en rouge de cochenille ou en cramoisi foncé.	Écorce de Quercitron.	»
80	Bi-oxalate de potasse.	Trouble la liqueur, qu'il colore en jaune-verdâtre, et au bout de 12 heures, léger précipité blanc.	Sumac.	»
81	Sulfate d'Alumine et de Potasse.	Léger précipité brun-rougeâtre; le bain reste coloré en jaune-rougeâtre-brun.	Garance ou Garancine pure.	»

SUITE DU TABLEAU.

Nos d'ordre.	Réactifs ou liquides précipitants.	Réactions ou précipités.	Indications résultatives.	Observations.
82	Sulfates d'Alumine et de Potasse.	Précipité rouge plus ou moins éclatant.	Bois de Brésil.	12 à 15 gouttes du réactif dans 20 grammes du liquide à analyser.
83	*id.* *id.* *id.*	Précipité jaune plus ou moins foncé.	Bois de Cuba ou de Fustet. . . .	»
84	*id.* *id.* *id.*	La liqueur jaunit d'abord, puis passe au violet, ensuite précipité rouge.	Bois de Campêche.	»
85	Acétate, Azotate, Sulfate et Chlorure de Zinc.	Précipité floconneux brun-rougeâtre.	Garance ou Garancine pure. . . .	»
86	*id.* *id.* *id.* *id.*	— — rouge-foncé. . . .	Bois de Campêche.	»
87	Sulfate de Zinc.	— — rouge-vif.	Bois de Santal rouge.	»

PRÉPARATION DES RÉACTIFS.

Tous les soins possibles doivent être apportés à la préparation des Réactifs choisis pour servir à cette analyse. Afin de ne pas sortir du cadre que j'ai dû me tracer, je me dispenserai d'indiquer le mode de préparation de ces agents chimiques, qu'on peut se procurer à l'état de Sel et qui doivent être purs, ou qu'on peut obtenir soi-même en suivant les procédés indiqués dans les traités de Chimie.

L'Acide Sulfurique, le Per-Azotate de fer, le Per-Chlorure de fer, l'Azotate de Bismuth, le Chlorure de Zinc, l'Alcool, l'Eau de Chaux, l'Eau de Baryte, exceptés, qui sont à l'état liquide, et qu'on trouve tout préparés, ainsi que les sels, chez les fabricants de produits chimiques et dans quelques pharmacies, tous les réactifs portés sur le tableau ci-devant sont des Solutés de Sels métalliques faits avec l'Eau distillée chimiquement pure.

Je crois devoir compléter ce Mémoire en indiquant les quantités proportionnelles du sel à dissoudre par rapport à une quantité déterminée d'eau distillée.

Pulvériser, faire dissoudre à chaud, et filtrer dans un flacon bouché à l'émeri :

Azotate d'Argent cristallisé.	1 Gr.	dans Eau dist. chimiq. pure.		19 Gr.
— de Baryte crist.	5	id.	id.	30
— de Cuivre crist.	5	id.	id.	20
— de Zinc pur.	5	id.	id.	25
— de Plomb pur.	5	id.	id.	25
Acétate de Cuivre.	5	id.	id.	45
— Neutr. de Plomb.	5	id.	id.	30
— de Zinc.	5	dans Eau dist. légèrement acidulée avec l'Acide Acétique.		25
Protochlorure d'Etain.	10	dans Eau dist. légèremt acidulée avec l'Acide Chlorhydrique.		50
Perchlorure id.	10	dans Eau dist. chimiq. pure.		50

Chlorure de Barium crist.	10	Gr. dans Eau dist.	chimiq. pure.	50 Gr.
Bi-Chrômate de Potasse.	5	id.	id.	50
Bi-Oxalate de Potasse.	5	id.	id.	50
Sulfate d'Alum. et de Potasse.	5	id.	id.	40
Sulfate de Cuivre pur.	5	id.	id.	20
Proto Sulfate de Fer.	10	id.	id.	30
Per-Sulfate de Fer.	10	id.	id.	30
Sulfate de Zinc.	10	id.	id.	30
Carbonate de Soude.	2	id.	id.	18

Pour l'intelligence des personnes les moins familières avec les connaissances chimiques, il ne sera pas superflu de donner ici quelques notions extraites du *Manuel pratique d'Analyse chimique de M. Deschamps* (*d'Avallon*) :

« Les corps qui sont employés pour faire des analyses « chimiques sont de deux sortes : les uns portent le nom « de dissolvants et les autres celui de réactifs. Les dissol- « vants sont l'Eau, l'Alcool, l'Ether, quelques acides, « etc., etc. Les réactifs comprennent tous les corps qui « ont la propriété de déterminer, dans les solutions qu'on « étudie, des phénomènes distincts plus ou moins carac- « téristiques.

« On appelle précipitation, une réaction dans laquelle « un corps qui est tenu en dissolution dans un liquide « s'en sépare plus ou moins promptement lorsqu'on ajoute « un réactif capable de déterminer dans cette solution « un changement moléculaire quelconque. Dans toutes les « réactions, le corps qui se dépose porte le nom de *préci-* « *pité*, quelle que soit la forme sous laquelle il se présente, « et le corps qui détermine un précipité ou qui trouble la « transparence d'un liquide s'appelle *précipitant*. »

RÉSUMÉ.

Je crois avoir répondu au programme arrêté par le Jury du Concours :

1° Mon procédé est usuel, car il n'exige aucun appareil nouveau, dispendieux ou difficile à manier;

2° Il est précis et clairement défini; j'ai cherché à prouver que j'ai puisé son point de départ dans des théories chimiques généralement adoptées;

3° Il est d'une application facile, même pour toute personne étrangère aux manipulations chimiques;

4° Il permet de reconnaître et de constater d'une manière rigoureuse, et qualitativement, les altérations ou les mélanges frauduleux dont sont l'objet la Garance et les produits qui en dérivent.

La falsification de ces produits tinctoriaux par des substances minérales inertes ne pouvait être comprise dans les conditions du programme, puisque des moyens purement mécaniques, aussi bien que de simples opérations chimiques, servent à la reconnaître, et que ces procédés (Lévigation et Calcination) ont été publiés par plusieurs Chimistes.

De l'aveu de ces mêmes écrivains, la falsification la plus nuisible, la plus commune, et la plus difficile à découvrir, c'est celle par les substances végétales.

Je n'avais donc à m'occuper que de ce genre de fraude, et de la description du procédé propre à la reconnaître *qualitativement*, point sur lequel j'ai l'honneur d'appeler l'attention de MM. les membres du Jury du Concours; car, ainsi que je l'ai fait remarquer plus haut, les Chimistes qui ont traité antérieurement cette question affirment que ce genre de fraude *est très-difficile à reconnaître, du moins quant à la nature des substances qui ont servi à falsifier.*

Néanmoins, j'ai indiqué une autre manœuvre frauduleuse de certains fabricants de Garancine et me suis attaché à la constater : c'est l'introduction dans la Garancine de deux produits inorganiques (carbonate de chaux, carbonate de soude), qui n'ont pas été signalés avant moi, et qui loin d'être inertes comme les substances minérales introduites jadis et parfois encore dans les Garances et Garancines, exercent une action des plus préjudiciables à la teinture.

J'ai fait connaître aussi exactement que possible tous les divers genres de fraudes qui se pratiquent encore et que j'ai vu moi-même exécuter ; j'ai décrit un procédé que de nombreux et incontestables résultats m'ont fait adopter et me permettent de publier pour atteindre le but proposé.

Ce mémoire, fruit de longs travaux et d'études sérieuses, sera peut-être éclipsé par des ouvrages beaucoup plus scientifiques ; je n'en éprouverai pas moins la vive satisfaction comme Vauclusien, d'avoir rempli un devoir en répondant à l'appel de la Chambre de Commerce d'Avignon.

Je m'estimerai très-heureux si les efforts que j'ai faits pour projeter quelques lumières sur une question considérée jusqu'aujourd'hui comme très-obscure, peuvent contribuer à protéger les intérêts agricoles et commerciaux de mes compatriotes.

Arles, avril 1859.

D. FABRE-JEUNE.

TABLE DES MATIÈRES

www.ingramcontent.com/pod-product-compliance
Lightning Source LLC
LaVergne TN
LVHW012013160826
845678LV00002B/806

* 9 7 8 2 3 2 9 6 6 2 2 0 6 *